# 低碳生活你我他

## 中小学生篇

孙亚锋 李 雪 主编

中国农业科学技术出版社

图书在版编目（CIP）数据

低碳生活你我他. 中小学生篇/孙亚锋，李雪主编. —北京：中国农业科学技术出版社，2015.1

ISBN 978-7-5116-1630-2

Ⅰ.①低… Ⅱ.①孙…②李… Ⅲ.①节能—青少年读物 Ⅳ.①TK01-49

中国版本图书馆 CIP 数据核字（2014）第 079024 号

| 责任编辑 | 李　雪　史咏竹 |
| --- | --- |
| 责任校对 | 贾晓红 |
| 出版发行 | 中国农业科学技术出版社 |
| | 北京市中关村南大街 12 号　邮编：100081 |
| 电　　话 | （010）82106626　82109707（编辑室） |
| | （010）82109702（发行部）　82109709（读者服务部） |
| 传　　真 | （010）82109707 |
| 网　　址 | http://www.castp.cn |
| 经　　销 | 各地新华书店 |
| 印　　刷 | 北京建宏印刷有限公司 |
| 开　　本 | 710mm×1 000mm　1/16 |
| 印　　张 | 5.5 |
| 字　　数 | 97 千字 |
| 版　　次 | 2015 年 1 月第 1 版　2020 年 7 月第 2 次印刷 |
| 定　　价 | 29.00 元 |

版权所有·翻印必究

## 内容简介

中小学阶段的孩子正处于接受启蒙教育、养成人格的时期，对其进行科学素质的培养也至关重要。本书以图文并茂的形式、浅显易懂的文字介绍了中小学生在家庭、校园，以及社会生活中的低碳细节。其中还包括生活中如何利用新能源，如太阳能、风能、地热能等，以及各种各样的创意手工、生活小窍门、游戏技巧、野营冒险等内容。趣味漫画容易理解，贴近实际、贴近生活，突出了科学性和实用性，是人们学习新知识、了解新动态、掌握新方法的好帮手，也是一本优秀的科普读物，同时更是"科普图书室""农家书屋""社区书屋"以及家庭所需的优秀书目。

# 前　言

　　人类只有一个可生息的村庄——地球。可是这个村庄正在被人类制造出来的各种环境灾难所威胁：水污染、空气污染、植被萎缩、物种濒危、江河断流、垃圾围城、土地荒漠化、臭氧层空洞……不要以为"拯救地球"是那些大科学家和超人们该做的事！我们所做的每一件小事都可能关系到地球的存亡！作为居住在地球上的村民，我们不能仅仅担忧和抱怨，而必须行动。在此背景下，"低碳"等系列新概念、新理念应运而生。

　　"低碳"其实离我们的生活并不远。它是一种将低碳意识、环保意识融入日常生活的态度，就是在日常生活中从自己做起，从小事做起，最大限度地减少一切可能的能源消耗。低碳生活首先要树立低碳意识、付诸行动，其次要学习低碳节能知识和低碳节能技能，然后就是贵在坚持、养成习惯，并鼓励他人和自己一起倡导和践行低碳生活。

　　中小学阶段的孩子正处于接受启蒙教育、养成人格的时期，对其进行科学素质的培养也至关重要。本书以图文并茂的形式、浅显易懂的文字介绍了中小学生在家庭、校园以及社会生活中的低碳细节。其中，还包括创意手工等内容。趣味漫画容易理解，非常贴近中小学生实际生活，全书浅显易懂，生动有趣。书中的每一个小细节都是在科学严谨的基础上，立足生活，力求实用，具有可操作性，可以引领中小学生们走进低碳生活，快速成为低碳生活的时尚达人。

　　低碳生活，还不知道从哪个地方开始做起？那就一起来看看这本书会带给你一些什么有用的妙计、招数吧！

编　者

2014 年 2 月

# 目 录

## 第一章 低碳常识 1

- ☆ 全球变暖 1
- ☆ 都是二氧化碳惹的祸 1
- ☆ 气候变化将会导致的重大变化 3
- ☆ 温室气体与温室效应 5
- ☆ 什么是低碳生活 5
- ☆ 践行低碳生活应从哪些方面入手 6
- ☆ 碳排放量计算公式 7
- ☆ 农业生产与碳排放 12
- ☆ 工业生产与碳排放 12
- ☆ 社会生活与碳排放 13
- ☆ 日常生活方式与碳排放量 14
- ☆ 联合国环境规划署提出的低碳生活建议 19

## 第二章 低碳之"衣" 23

- ☆ 衣物的选购 23
- ☆ 让旧衣翻新 24
- ☆ 穿衣巧妙搭配 24
- ☆ 低碳洗衣有窍门 25
- ☆ 让衣服延长使用寿命 26

## 第三章　低碳之"食"　29

- ☆ 什么是低碳食品　29
- ☆ 食用低碳食品的目的　29
- ☆ 每周选择1天吃素　29
- ☆ 多吃水果和蔬菜，少吃肉类　30
- ☆ 减少粮食浪费　31
- ☆ 打包剩饭剩菜，省钱又环保　32
- ☆ 尽量不喝碳酸饮料　32
- ☆ 不让一次性筷子再登月　33
- ☆ 吃不完的食物要存放好　34
- ☆ 多使用微波炉的"高火"　34
- ☆ 出门自带水杯，不喝瓶装水　35
- ☆ 不吃街头"美味"　36
- ☆ 远离烟草　36

## 第四章　低碳之"行"　37

- ☆ 上学路上低碳出行　37
- ☆ 每周少坐1次私家车上学　38
- ☆ 减少接送，培养孩子的独立能力　39
- ☆ 组织孩子上学　41
- ☆ 有计划购物　41
- ☆ 节日出行方式　42

## 第五章　低碳好习惯　45

- ☆ 重复使用教科书　45
- ☆ 准备小手绢　45
- ☆ 养成随手关灯的好习惯　46
- ☆ 让家里全换上节能灯　46
- ☆ 换一个节水龙头　46
- ☆ 用淋浴代替盆浴　47

- ☆ 循环使用水资源 48
- ☆ 电器不用时拔掉插头 49
- ☆ 减少开冰箱门的次数 49
- ☆ 在家里养盆植物 49
- ☆ 不当"夜猫子" 50
- ☆ 不用遥控关电视 51
- ☆ 学会处理衣服污渍 52

# 第六章 创意手工 55

- ☆ 改装牛仔裤 55
- ☆ 改造校服 56
- ☆ 打绳结 57
- ☆ 用丝带做腰带 58
- ☆ 包装礼物 59
- ☆ 使用秘密手势 62
- ☆ 制作压花画 63
- ☆ 制作友情手链 65
- ☆ 制作滴漏 66
- ☆ 制作报警器 68
- ☆ 折纸青蛙 68
- ☆ 制作风筝 71
- ☆ 制作蜡烛 72
- ☆ 用气球制作玩具小狗 74
- ☆ 制作彩色玻璃窗 75

# 第一章 低碳常识

## ☆ 全球变暖

全球正在经历以气候变暖为突出标志的气候变化，其中，20世纪80年代以来的变暖过程尤为显著。近百年来（1906—2005年），全球地表平均气温升高了0.74℃，而近50年（1956—2005年）的升温速率（每10年升高0.13℃）几乎是近100年（1906—2005年）的两倍。近百年来，中国经历了与全球一致的变暖过程，而且变暖幅度更大。1908—2007年，中国地表平均气温升高了1.1℃，高于全球平均升温幅度。新闻报导也时常出现气温升高的报导。在2007年的第四份报告中，IPCC（政府间气候变化专业委员会）表示"气候变化已经是毫无争议的事实"。报告还预示，从现在开始到2100年，全球平均气温升高的幅度可能是1.8~4℃。

## ☆ 都是二氧化碳惹的祸

气候变化是个非常复杂的问题，应如何应对？首先要找到气候变化的原因。全球的平均气温为什么变得越来越高呢？原因可能是多方面的，如气候周期变化、温室效应等。气候的冷暖变化有自然原因，也有人为原因。目前的气候变化，科学家认为90%以上是人类自己的责任。其中主要原因是人类在近1个世纪以来大量使用化石燃料，如煤、石油等，排放出大量的温室气体。其中，二氧化碳就是最主要的一种温室气体。

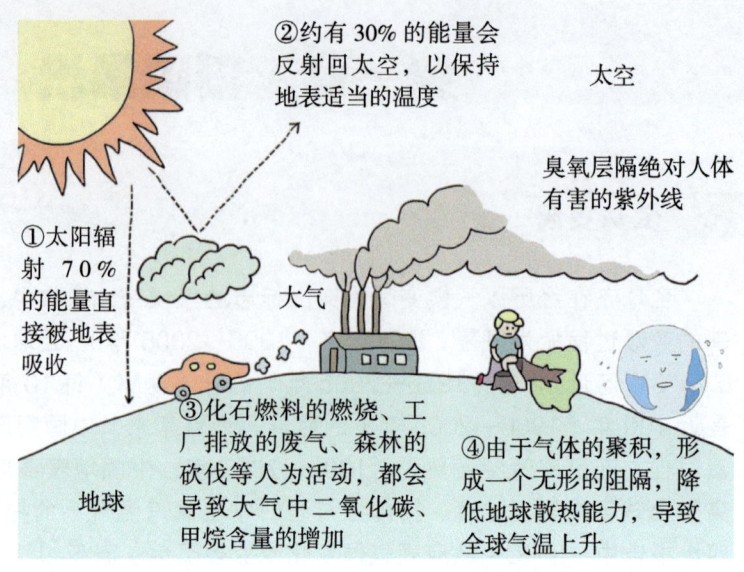

简单地讲，温室气体就像是盖在地球身上的被子，使它保持温暖适宜。但现在这层被子越来越厚，地球要热坏啦！

大气中的二氧化碳被陆地和海洋中的植物吸收，然后通过生物或地质过程以及人类活动，又以气体的形式返回大气中。

地球大气中的二氧化碳增加，一方面来自工业生产等人类活动的大量排放，另一方面由于人类砍伐森林，森林面积急剧减少，大大降低了森林对大气中二氧化碳的吸收能力。

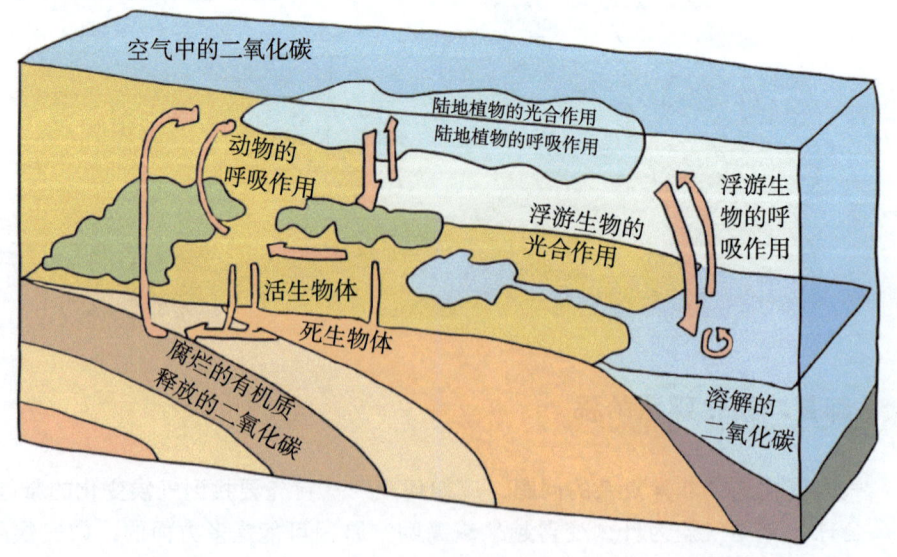

# 第一章 低碳常识

过去100多年间，人类一直依赖石油、煤炭等化石燃料来提供生产生活所需的能源，燃烧化石燃料排放出二氧化碳等温室气体，大气温室效应增强，这是引发全球气候变暖的主要原因。

## ☆ 气候变化将会导致的重大变化

❶ 冰川消融。全球变暖导致冰川消融，海平面上升，一些岛屿和沿海地区将面临被淹没的危险。科学家估计，从20世纪90年代到21世纪80年代，全球海平面将平均上升22～34厘米。中国人口密集、经济发达的长三角、珠三角等沿海地区的城市群都将受到威胁。

❷ 极端气候频发。干旱的发生范围更广、持续时间更长、程度更严重，特别是热带、亚热带地区。极端高温、低温发生了大范围的变化。昼夜低温、霜冻变得不如以前频繁，而昼夜高温、热浪则愈加常见。极端天气事件发生的频率和强度都有所增强，给人民生命财产安全带来极大的危害。

❸ 物种灭绝。人类活动导致气候变化，气温、降雨量及海平面上升，摧毁了一些生物的栖息地，而破坏的速度比生物移居的速度还要快。科学家指出，未来60～70年内，气候变化会导致大量的物种灭绝。气候变化导致的物种灭绝风险将会比地球历史上5次严重的物种灭绝规模还要大。

英国莱桑池蛙
1999年灭绝

❹ 影响粮食生产。对中国来说，全球变暖可能导致农业生产的不稳定性增加，高温、干旱、虫害等因素都可能造成粮食减产。如果不采取措施，预计到

2030年，中国种植业生产能力在总体上可能会下降5%～10%，从而严重影响中国长期的粮食安全。

### 低碳小贴士

1979年，全球举行了首次世界气候大会，气候变化作为一个引起国际社会关注的问题被提上议事日程。1992年6月，在巴西里约热内卢举行的环境与发展大会上，制定了《联合国气候变化框架公约》（以下简称《公约》）。目前全球已有190多个国家批准《公约》，成为其缔约方。1997年12月，在日本京都通过《京都议定书》。2005年2月，《京都议定书》正式生效。这是人类历史上首次以法规的形式限制温室气体排放。

在2010年墨西哥坎昆会议上，中国政府郑重承诺：坚决捍卫《京都议定书》，决定到2020年单位国内生产总值二氧化碳排放比2005年下降40%～45%。

## ☆ 温室气体与温室效应

在大气的组成中，有一些气体能吸收地面反射的太阳辐射，并重新产生辐射，从而使地球表面保持一定的温度，这些气体称为温室气体。水汽、二氧化碳、氧化亚氮、甲烷和臭氧是地球大气中主要的温室气体。

不同的温室气体对温室效应的贡献是不同的。在温室气体中，产生温室效应最主要的气体是水汽和二氧化碳。

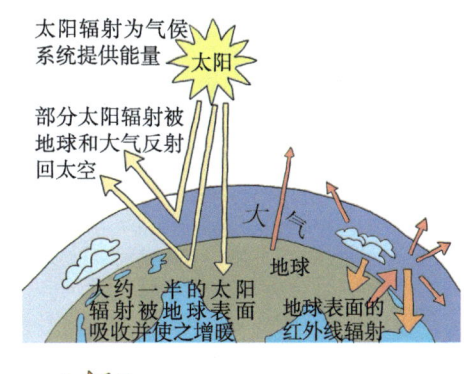

## ☆ 什么是低碳生活

低碳生活就是指生活作息时所耗用的能量要尽可能地减少，从而降低碳，特别

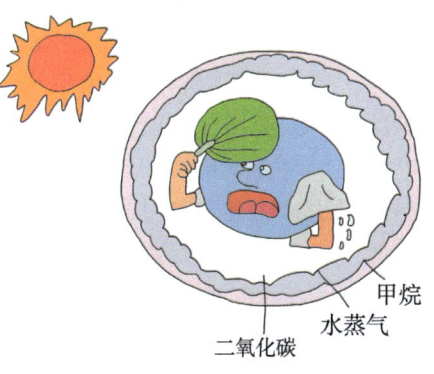

是二氧化碳的排放量，减少对大气的污染，减缓生态环境恶化。

具体地说，低碳生活就是在不降低生活质量的前提下，通过改变一些生活方式，充分利用高科技以及清洁能源，从而减少煤、石油、天燃气等化石燃料和木材等含碳燃料的耗用，降低二氧化碳排放量，减少能耗，减少污染，达到遏制气候变暖和环境恶化的目的。

低碳生活以低能耗、低污染、低排放为特征，代表着更健康、更自然、更安全的消费理念，达到人与自然和谐共处的境界。

## ☆ 践行低碳生活应从哪些方面入手

日常生活包括衣、食、住、用、行等几个方面，大众践行低碳生活主要从这几方面注意节能减排。

❶ 选择"低碳住房""低碳装修""低碳着装""低碳饮食""低碳消费"的生活方式，在日常生活中，注意节约，充分利用旧物，减少垃圾，做到垃圾分类及科学处理，多养花草来吸收二氧化碳。

❷ 生活中处处注意节能减排。节电、节水、节煤、节气是实现节能减排的主要措施。目前，中国用电多是用燃煤发的火电，自来水的调运、生产、输送等又需要耗电。因此，节电、节水等都可间接地节省燃煤，减少二氧化碳等气体的排放，利于环境的保护。

# 第一章 低碳常识

③ 选择低碳出行方式，尽可能减少燃油的消耗。离家较近的上班族可骑自行车上下班；短途旅行选择火车而不搭乘飞机；有私家车的在驾车时掌握节油技巧。

④ 充分利用现代科技成果，在生活中，用太阳能、沼气等清洁能源代替煤、电、石油、天然气等传统能源。

## ☆ 碳排放量计算公式

用电的碳排放量（千克）= 用电量（度）×0.785

用水的碳排放量（千克）=
用水量（吨）×0.91

用气的碳排放量（千克）=
用气量（立方米）×0.19

耗油的碳排放量（千克）=
耗油量（升）×2.7

第一章　低碳常识

垃圾的碳排放量（千克）=
垃圾排放量（千克）×2.06

冷饮的碳排放量（千克）=
冷饮数量（瓶）×0.2

啤酒的碳排放量（千克）=
啤酒数量（瓶）×0.2

白酒的碳排放量（千克）=
白酒数量（千克）×2

烟草的碳排放量（克）=
烟数量（支）×1.1

浪费肉食的碳排放量（千克）=
浪费肉食数量（千克）×1.4

第一章 低碳常识

浪费粮食（以水稻为例）的碳排放量（千克）=
浪费粮食数量（千克）×0.9

一次性筷子的碳排放量（克）=
一次性筷子数量（双）×22.8

开冰箱门的碳排放量（克）=
冰箱门开的时间（秒）×2.68

饮水机（以600瓦为例）
碳排放量（克）= 饮水机开启时间（小时）× 52.5

## ☆ 农业生产与碳排放

农业作为国民经济的基础产业，也是一个重要的温室气体来源，同时又受到温室效应的严重影响。联合国粮农组织新近指出，耕地释放出大量的温室气体，超过全球人为温室气体排放总量的30%，相当于150亿吨的二氧化碳。而农业温室排放量中70%是和氮肥的制造与使用有关。制造氮肥需要消耗能源，不论是使用天然气还是用煤，制造过程中都会排放大量二氧化碳，每生产1吨氮肥，就需要消耗掉22 000千卡的热量，相当于燃烧3吨标准煤，这3吨煤大概要产生6吨的二氧化碳，再加上农业生产中过量使用氮肥，还会排放更多的二氧化碳。所以，农业生产是一个名副其实的碳排放大户。

## ☆ 工业生产与碳排放

中国经济的主体是第二产业，这决定了能源消费的主要部门是工业，而工业生产技术水平落后，又加重了中国经济的高碳特征。资料显示，1993—2005年，

中国工业能源消费年均增长5.8%，工业能源消费占能源消费总量约70%。采掘、钢铁、建材水泥、电力等高耗能行业，2005年能源消费量占了工业能源消费的64.4%。"富煤、少气、缺油"的资源状况，决定了中国能源结构以煤为主，电力中，水电占比只有20%左右，火电占比达77%以上，自然，"高碳"也就占绝对的统治地位。据计算，每燃烧1吨煤炭会产生4.12吨的二氧化碳气体，比石油和天然气每吨分别多30%和70%，因此，中国碳排放主要集中在工业生产环节。

## ☆ 社会生活与碳排放

社会生活的碳排主要有两个源头，即交通碳排源和人们工作学习中的活动碳排源。

交通污染源主要包括以下几个部分：汽车尾气、加油站和轮胎摩擦。交通污染源涉及所有者、乘客还有路网等许多复杂的因素，所以控制它的排放不会像电厂、建材、水

泥工业那么单一，主体很复杂，而且各种技术混杂，很难一下把旧的高排放交通工具淘汰掉。政府要控制交通污染源，其努力要几倍甚至几十倍于工业，困难也是几十倍于工业。所以，只能是分步骤分层次分阶段地进行，例如，发展公共交通、建设轨道交通。作为市民，出行应选择多用公共交通，少开私家车。

在写字楼里工作的人们离不开打印机、传真机，但我们发现，很多人在午休或工作间隙甚至下班后还开着电脑显示器，这些不好的习惯都会造成一定量的碳

排放。此外，厂家、商家发的宣传品，很多都被当成废纸扔掉了，除了造成纸张的浪费，这也是一种变相的碳排放。人们每周有5天在工作，而每天至少工作8小时，如果一

周40个小时的工作时间能够做到多用电子邮件、MSN等即时通讯工具，少用打印机和传真机，就会减少碳排放。据科学推算，在午餐休息时和下班后关闭电脑及显示器，可将这些电器的二氧化碳排放量减少1/3。办公室内种植一些净化空气的植物，如吊兰、非洲菊等，除了可吸收甲醛，也能分解复印机、打印机排放出的苯，还能吸收尼古丁。

## ☆ 日常生活方式与碳排放量

低碳生活对于普通人来说是一种生活态度，是一种新的生活方式。日常生活中的低碳行动对于减少碳排放量的影响，可从以下数据看出。

**1**

少搭乘1次电梯，可减少0.218千克的碳排放。

第一章 低碳常识

少开空调 1 小时，可减少 0.621 千克的碳排放。

少吹电扇 1 小时，可减少 0.045 千克的碳排放。

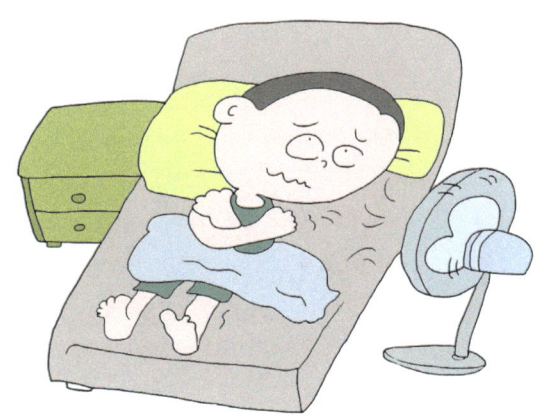

少看电视 1 小时，可减少 0.096 千克的碳排放。

**5**

少用 1 小时白炽灯，可减少 0.041 千克的碳排放。

**6**

少开车 1 千米，可减少 0.22 千克的碳排放。

**7**

少吃 1 次快餐，可减少 0.48 千克的碳排放。

第一章 低碳常识

8

少丢 1 千克垃圾，可减少 2.06 千克的碳排放。

9

少吃 1 千克牛肉，可减少 13 千克的碳排放。

10

省 1 度电，可减少 0.638 千克的碳排放。

**11**

省 1 吨水，可减少 0.194 千克的碳排放。

**12**

省 1 度天然气，可减少 2.1 千克的碳排放。

**13**

将 60 瓦的白炽灯泡换成节能灯泡，可减少 4 倍二氧化碳排放量。

第一章　低碳常识

如果每人每天做到每一项，可每天减少约 21 千克的碳排放量。

如果全国每个人每一天都能做到每一项，那么每天可减少约 $3\times10^7$ 吨的碳排放量。

如果全世界每人每天都能做到每一项，那么每天可减少约 $1.1\times10^8$ 吨的碳排放量。

## ☆ 联合国环境规划署提出的低碳生活建议

### 建议 1

不用洗衣机甩干衣服，而是让衣服自然晾干，可以减少 2.3 千克的二氧化碳排放量。

### 建议 2

把在电动跑步机上 45 分钟的锻炼改为到附近公园慢跑，可以减少将近 1 千克的二氧化碳排放量。

### 建议 3

在午餐休息时间和下班后关闭电脑及显示器，这样做除省电外，还可以将这些电器的二氧化碳排放量减少 1/3。

### 建议 4

改用节水型淋浴喷头,不仅可以节水,还可以把3分钟热水淋浴所导致的二氧化碳排放量减少一半。

### 建议 5

使用一般牙刷替代电动牙刷,这样可以每天减少48克的二氧化碳排放量。

### 建议 6

使用传统的发条式闹钟替代电子钟,这样可以每天减少大约48克的二氧化碳排放量。

第一章 低碳常识

**建议 7**

如果去8千米以外的地方,乘坐轨道交通车可比乘小汽车减少1.7千克的二氧化碳排放量。

**低碳小贴士**

让我们从现在做起,从每个人做起,合理利用资源,节约资源,消除浪费,减少碳排放。开始一种真正健康、绿色的"低碳生活"!

# 第二章 低碳之"衣"

"今天你低碳了吗?"将逐渐成为同学们见面时最热闹的话题。怎么做才是低碳生活,才能让地球降温呢?参考下面的这些招式,快快成为"低碳先锋"吧!

☆ 衣物的选购

**第1招**

选择天然材料的衣服。

在选取衣物时,我们要亲近棉、麻、丝绸、竹原纤维而远离化纤产品。减少化学合成纤维材料衣服的制造,因为制造它们需要使用石化原料,会造成空气和水的污染,加大了碳的排放。买衣服时多选天然材料制成的衣物会减低碳的排放呢。

**第2招**

选购服装时,要选择低碳装,要选择白色、浅色、无印花、小图案的衣服。这类衣服较少使用各种化学添加剂进行处理,不仅更环保,对人体也更健康。尽量避免具备抗皱、免烫、防水、防污等附加功能的特殊"衣"族成员,通常这些附加功能都是通过化学药剂来实现的。

亲爱的同学们，衣柜不要装那么满，衣服不要买那么多。衣服也是生命，它也需要呼吸！请你买低碳衣服，少买衣服！

### 低碳小贴士

据环境资源管理公司的计算：一件400克左右的化纤服装，假定使用2年，排放的二氧化碳量为47千克，竟然是其自身重量的117倍。由此看来，我们每家那装满着衣服的衣橱就是一个小小的"二氧化碳排放工厂"啊。

### ☆ 让旧衣翻新

不妨试试把废弃的纯棉牛仔裤净化处理和重新组合，就可让它们变成新式牛仔帆布鞋或是环保购物袋。既新潮又经济，真是不错的方法，赶快行动吧！

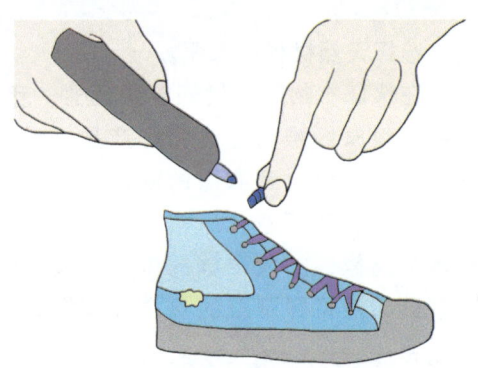

### ☆ 穿衣巧妙搭配

衣服不一定很多，如果巧妙搭配，照样穿出亮丽与时尚。试试短袖套在长袖外，裤子加上超短裙……服装搭配巧，不觉衣服少。减少衣服的购买数量也是低碳着装的有效方法。

## ☆ 低碳洗衣有窍门

### 第1招

衣服攒多了再洗。洗衣就会耗水、耗电，衣服攒够一桶再洗不是因为懒，可以理直气壮地说，是为了节约水电，降低排碳。平时一些小手绢、小袜子什么的就可以手洗，这样才更低碳呢！

### 第2招

每月用手洗代替1次机洗。如果每月用手洗代替1次机洗，每台洗衣机每年可节能约1.4千克标准煤，相应减排二氧化碳3.6千克。如果中国1.9亿台洗衣机都每月少用1次，那每年可节能约26万吨标准煤，减排二氧化碳68.4万吨。节能洗衣机比普通洗衣机节电50%、节水60%，每台节能洗衣机每年可节能约3.7千克标准煤，相应减排二氧化碳9.4千克。如果全国每年有10%的普通洗衣机更新为节能洗衣机，那么每年可节能约7万吨标准煤，减排二氧化碳17.8万吨。

### 第3招

自然晾干。洗好衣服后，把衣服挂在晾衣绳上自然晾干，尽量不要用洗衣机的烘干功能。自然风干更低碳！

## 第4招

洗衣用温水。洗衣服有诀窍，洗衣时用温水，而不要用热水。要用温水溶化洗衣粉，然后把衣服稍微泡一会。特别脏的袖口与衣领可以用领洁净先处理。洗衣粉是生活必需品，在使用中不可浪费；合理使用，就可以节能减排。少用1千克洗衣粉，可节能约0.28千克标准煤，相应减排二氧化碳0.72千克。如果全国3.9亿个家庭平均每户每年少用1千克洗衣粉，1年可节能约10.9万吨标准煤，减排二氧化碳28.1万吨。

领口比较难洗，还是泡一泡再洗吧！

## ☆ 让衣服延长使用寿命

中小学生们还处于快速长个儿的阶段，衣服淘汰也很快，常常还没有穿几次衣服就有些变小了、变瘦了。怎么处理这些衣服呢？有些人会将废旧的衣服丢弃，被丢弃的衣服就成为了"服装垃圾"，其下一站就是垃圾场的焚烧炉。焚烧还要消耗煤炭、电力等能源，而焚烧的过程又会产生大量污染物。因此，采用下面的招式，让衣服延长它的使用寿命吧。

老同学，这衣服我穿着太大了，还是送给你穿吧！

## 第1招

把不能穿的衣服转送给好朋友、好邻居，不仅低碳又环保，还很有人情味呢。

## 第二章 低碳之"衣"

### 第 2 招

改装。如果衣服足够幸运，碰上一个巧手的主妇或者裁缝，就能延长它们的寿命。高领变一字领、宽松变收腰、长袖变成九分袖、再变七分、再到短袖……一件件旧衣服就像变戏法一样，焕然一新地出现在主人的衣柜里。可爱的主人不仅省下金钱，而且激发了创造灵感，培养了动手能力，同时还彰显个性，又大大减少了对资源的浪费。这既可以避免衣服被闲置或者被作为垃圾焚烧，又可以增加衣服的利用率，减小衣服添置，从而减少碳排放。

### 第 3 招

旧衣服变超市购物袋。找一个质地和颜色都不错的外套，选没有接缝的地方，剪下两块，先缝成一个圆桶，再把底部缝上，接着剪两根 5 厘米宽、40 厘米长的带子，分别缝成两指宽的包带，缝在开口处，也可以缝在袋子的外侧，用饰品加以装饰（牛仔布包的做法也一样）。这样，一个超市购物袋就做成了。

# 第三章 低碳之"食"

## ☆ 什么是低碳食品

低碳食品是指利用更少的简单碳水化合物来开发食品。低碳食品不仅有利于人的身体健康，也能起到很好的减肥作用。

## ☆ 食用低碳食品的目的

食用"低碳"食品的主要目的就在于降低碳水化合物的摄入以减轻体重，控制Ⅱ型糖尿病或相关失调症状，并提高血液中运载胆固醇粒子的比例。食用低碳食品能减少和限制对糖和淀粉的摄入，也就是少吃糖、米饭和面食等，同时增补多种维生素、矿物质、氨基酸等营养素。低碳食品最重要的一项优点就是低糖。

## ☆ 每周选择1天吃素

多吃肉食，不仅仅会导致肥胖，而且容易引起脑萎缩、智力降低、痴呆、心脏疾病、糖尿病、胆结石等疾病，还会使地球变暖，导致动物、自己、地球都受到伤害。所以，如今"素食主义"正悄然兴起，因为多吃素食不仅可以减少畜牧业及

食品碳排放量，有助于健康，还能推动绿化的发展呢。当然，这也不是要求你绝对不准吃肉，营养学家认为：一周吃上2～3次肉即可满足人体的营养需求，根本没必要餐餐吃肉。那么，请大家就从每周1天吃素开始我们的低碳饮食吧！

**低碳小贴士**

世界无肉日（3月20日）："无肉日"始于1985年，由总部设在华盛顿的公益性组织"农场动物改革运动"发起，推广健康和平素食的民间教育活动，目的是拯救动物、保护环境和改善健康。

## ☆ 多吃水果和蔬菜，少吃肉类

在肉类食物中，以生产牛肉、羊肉所排放的二氧化碳最多，其次是猪肉和鱼肉，而水果和蔬菜都在二氧化碳排放量最少的食物之列，并且其生长周期相比肉类来说短很多。一个人如果一周内少吃1千克猪肉，转而食用蔬菜，将减少0.7千克二氧化碳排放，一年减少二氧化碳排放量将达到36.4千克。此外，水果可以直接食用，而蔬菜相对于肉类来说，烹饪方式简单、烹饪时间较短，也因此减少了一部分二氧化碳排放。

### 低碳小贴士

人体摄入1千克牛肉后,所排放的二氧化碳为36千克;而吃同等份量的果蔬后,所排放的二氧化碳量仅为该数值的1/9。

☆ 减少粮食浪费

据有关数据显示,每节约0.5千克粮食,就可以减排几乎相同重量的二氧化碳。减碳,让我们从珍惜每一粒粮食做起。

我们人人都知道"谁知盘中餐,粒粒皆辛苦",可是现实中浪费粮食的现象仍比较严重,看看我们中午吃营养餐时大量食物被倒掉的情况就知道了。其实,也就是在这个浪费的过程中,我们还增加了大量碳排,而如果我们少浪费500克粮食(以水稻为例),可节能约180克标准煤,相应减排二氧化碳470克。如果全国平均每人每年减少粮食浪费500克,每年可节能约24.1万吨标准煤,减排二氧化碳61.2万吨。如若每人每年少浪费500克猪肉,可节能约280克标准煤,相应减排二氧化碳700克。如果全国平均每人每年减少猪肉浪费500克,每年可节能约35.3万吨标准煤,减排二氧化碳91.1万吨。要是这样的话真是功莫大焉。

## 低碳小贴士

现在浪费粮食的现象仍比较严重。每人每年少浪费0.5千克猪肉，可节能约0.28千克标准煤，相应减排二氧化碳0.7千克。如果全国平均每人每年减少猪肉浪费0.5千克，每年可节能约35.3万吨标准煤，减排二氧化碳91.1万吨。

### ☆ 打包剩饭剩菜，省钱又环保

到饭店用餐，剩菜、剩饭可以打包，酒水可以带走或存放在饭店，以备下次再用。

为了减少空气中二氧化碳的排放量，保护我们生存的环境，我们可以把剩饭剩菜打包起来，经过巧妙地科学处理再食用。处理剩菜剩饭也要遵循健康的理念，因为不同食物中各种营养元素不一样，分开贮存可以避免"交叉感染"。

### ☆ 尽量不喝碳酸饮料

大量可乐、雪碧、橙味汽水中含有二氧化碳气体，并且喝过的饮料瓶子因为不易回收也会加大污染，所以建议少饮碳酸饮料，多喝白开水，方便、排毒、健康，还节约。

第三章 低碳之"食"

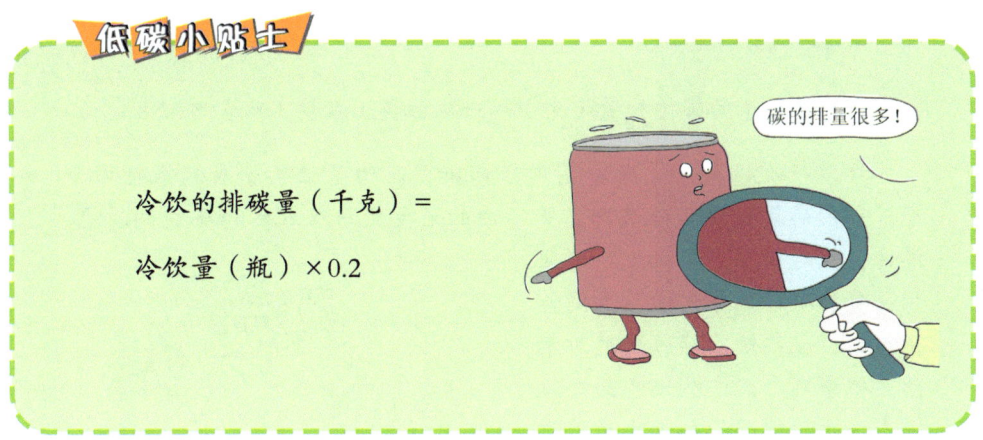

## ☆ 不让一次性筷子再登月

你知道"筷子登月"的故事吗？据统计，中国每年消耗一次性筷子800亿双，首尾相接，可以从地球往返月球21次，看来筷子不只会登月，而且还经常登。如果全国减少30%的一次性筷子使用量，那么每年可相当于减少二氧化碳排放量约31万吨，想想看这得砍伐多少竹木？得破坏多少植被？得增加多少碳排放量？而事实上，大量的一次性筷子都不卫生、不合格。所以，无论是为了低碳还是为了健康，建议大家都不用一次性筷子。

## 低碳小贴士

一次性筷子的碳排放量（克）＝一次性筷子数量（双）×22.8

许多一次性筷子大肠杆菌群数超标，而为了让筷子看起来洁白干净，成形的筷子要经硫黄熏，熏不白的还要使用双氧水和硫酸钠浸泡、漂白，然后用滑石粉抛光。工业用硫黄、硫酸钠等化学品毒副作用很大，在餐饮业领域属绝对禁用，但事实上，这些化学药剂目前在一次性筷子的加工生产过程中被普遍使用，严重危害人们的身体健康。众所周知，一次性筷子的使用也正在严重地消耗着我们的森林和水源。

## ☆ 吃不完的食物要存放好

吃不完的食物不要随手就倒掉，这样浪费其实也是污染。我们要学会合理使用冰箱来贮存：冰箱内存放食物的量以占容积的60%为宜，放得过多或过少都费电；不要频繁开关冰箱门，在开关冰箱门时最耗电。

## ☆ 多使用微波炉的"高火"

微波炉，是个宝，建议大家要用好。尽量用微波炉来代替煤气灶进行加热食物，每次加热或烹调的食品以不超过500克为宜，最好切成小块，量多时应分时段加热，中间加以搅拌。这样可以尽快地加热食品，减少燃气的使用与油烟的排放，从而降低

碳排放。

## ☆ 出门自带水杯，不喝瓶装水

出门自带开水，节约又环保。据统计，2007年全球售出1.5亿吨瓶装水，若把水全倒在一起，需要一个大水库才装得下。而光是支撑这个产业，每年必须消耗1 800万桶原油。尽管矿泉水瓶子可以回收，但每生产1升瓶装水，制作过程中至少需要17.5升的天然水，而且瓶装水出了生产线后，还需要运送、上架、冷藏。有些品牌的矿泉水甚至远涉重洋，漂洋过海地来到我们的货架上。这个过程无疑又增加了很多碳排放，而且这些讲究设计美感的塑料瓶，如果没有得到回收利用，它们将在地球上存在1 000年，成为千年不坏的现代化石！

### 低碳小贴士

"自来水"安全、便宜，以此为饮低碳又环保。有人做过这样的计算：每周少用2瓶瓶装水，全球一年可以减少将近500吨的碳排放。

同学们，你们以后出行千万记得自带水杯噢！

## ☆ 不吃街头"美味"

"病从口入",所有人都知道这一常识。可是,为了贪图便宜,更为了追求口感上的享受和刺激,不少人还是将这一常识忘得一干二净。看看街头那些琳琅满目的小吃,麻辣烫、羊肉串,哪一个不是生意红火?从老到少,从学生到上班族,似乎都对这些所谓的"美味"乐此不疲,殊不知健康的隐患就这样埋下了!好吃归好吃,这其中的健康隐患却少有人关心,小吃的口味以辛辣为主,虽然能很好地刺激食欲,但同时由于过热过辣过于油腻,对肠胃刺激很大,过多食用有可能导致肠胃出现问题。另外,吃街头小吃的欲望,将对学校里为你准备的中午营养餐造成极大的浪费。而且吃小吃时使用的多为一次性餐具,也与低碳生活背道而驰。再者,街头小吃多以油炸、油煎方式为主,这自然引起碳排量高,而且直接污染到街头的空气。想想看,我们要是抵制了这种不良诱惑,该会一"抵"几得呢?

## ☆ 远离烟草

吸烟有害健康,香烟生产还消耗能源。1天少抽1支烟,每人每年可节能约0.14千克标准煤,相应减排二氧化碳0.37千克。如果全国3.5亿烟民都这么做,那么每年可节能约5万吨标准煤,减排二氧化碳13万吨。

### 低碳小贴士

吸烟能使人的机体免疫力降低,容易使细菌、病毒等病原体侵入人体,损害健康。研究表明,吸烟与肺癌、肺气肿、心脏病、中风和其他癌症等25种以上危及生命和健康的疾病有关,每年死于与吸烟有关疾病的人数近100万。

# 第四章 低碳之"行"

## ☆ 上学路上低碳出行

上学路上骑自行车、乘公交车、地铁往返,也许不如乘私家车那么惬意,但这些交通工具所带来的低碳好处却是显而易见的。另外,如果学校距离家 8 千米左右,那么就可以考虑以下的往返方式了。

① 骑自行车是首选。它不用燃油不污染,从而减少开支;有助于锻炼身体,还能让人边行边看风景,愉悦身心,提高生活质量。

② 乘坐轨道交通,如地铁。不占地面道路,不会堵车,准时、高效。

③ 乘坐公交车。在"公交专用车道"上行驶,通行较有保障。线路多,上下车、换车方便。

## 低碳小贴士

据测算，每人出行100千米的耗能，如果高速铁路是1，地铁则是1.1，大客车是1.43，小轿车是3.85～4.8，飞机是6.8。如果每天骑自行车10千米，则（比自己开车）节能量为365千克标煤/年；减排量为722.7千克二氧化碳/年。每天乘公交车10千米，节能量为292千克标煤/年；减排量为620.5千克二氧化碳/年。

☆ **每周少坐1次私家车上学**

现在，越来越多的家长选择开私家车接送孩子上学、放学，然后随之而来的是大量的尾气排放，迅速导致高碳环境的形成。如果你也是乘私家车上下学的，那么恭喜你，你将会在"每周少坐1次私家车"行动中，有机会为减少温室气体做一份贡献；如果你不是，那么希望你一直这样为低碳做贡献。

第四章　低碳之"行"

环境问题专家告诉我们，大气层污染物质可划分为移动发生源和固定发生源两个领域：在移动发生源中，主要指车辆排放的尾气。"尾气"，是指机动车或设备在工作过程中所排放的废气。机动车尾气主要包括二氧化硫（$SO_2$）、一氧化碳（CO）、可吸入颗粒物、挥发性有机化合物（VOC）和氮氧化合物（$NO_x$）等；尾气中的酸性污染物对人体健康和生态环境会造成许多负面影响。

☆ **减少接送，培养孩子的独立能力**

在孩子进入小学前，父母就应该考虑培养孩子独自上学和回家的能力。首先从培养孩子的自信心开始。每次带着孩子上学回家时，有意识地让孩子们注意路上的建筑、路标、公车站牌，在时间宽裕的情况下，在家里和学校之间选择步行或者步行一段路，通过做游戏，如猜建筑、考孩子算术、数树木或者路灯的数量，让孩子熟悉路线。在路上，尽量地使行程轻松有趣，让孩子觉得上学放学是很轻松的事。

　　有时，家长可以假装走错了路和孩子一起找路，发挥孩子的思考能力，让孩子觉得家长需要得到他们的帮助，也可以增强他们的责任感和自信心。

　　到了时机成熟的时候，家长可以根据孩子的性格以不同的方式问他们：什么时候觉得可以自己上学？但是，在他们答应自己上学前，必须要确认的是让孩子非常清楚以下几点。

① 有陌生人搭讪时要保持警惕性。

② 牢记交通规则，当心车辆。

③ 遇到突发事件知道可以求助的地方或者人物。

## ☆ 组织孩子上学

送孩子上学，对于事业繁忙的家长来说是一项不小的负担。学校离家近而又在同一条线路上的父母可以自发地组织起来步行送孩子上学。方法很简单，比如有10个孩子，每天只需要有两个家长到离学校最远的孩子家去接来第一个孩子，然后去下一家。孩子们都提前在门口等着，一个个加入队伍排成一排或者两排，两个家长一前一后照顾就行。1个星期下来，10户的家长轮换执勤，每户每星期只需出1个人就够了，而且这样送孩子所花的时间远比每天送自己孩子的时间来得少。更重要的是，家长们"节省"了到学校路上的行程和行程中的碳排放。

## ☆ 有计划购物

### 第1招

选择就近的购物地点。在购物地点的选择上，同学们应首选较近的超市或商场。这样，步行或骑自行车就可轻松到达，不仅节约了能源，而且起到了减排作用。

### 第2招

在购物数量方面，尽可能做到一次购足，或者让家长购物时顺带买回来。这样，就可以少去几次超市，自然也就减排了。

## ☆ 节日出行方式

### 第1招

逢年过节，人们走亲访友、迎来送往、游公园逛庙会，正是道路拥挤的高峰期。此时出行，最好的选择是乘坐公共交通工具。公共电、汽车和地铁尽管也常常十分拥挤，但只要大家都能按秩序排队上下车，礼貌谦让，还是可以做到省时省力，从而达到节能减排的目的。当然，如果是骑自行车或步行就更好了，不仅可以欣赏沿途的景色，还可以随时走走看看，还能起到健身作用，真是其妙无穷啊！

### 第2招

外出旅游尽量不乘飞机，要少带行李。现在，许多人把飞机当做远途旅游的首选交通工具。然而，致力于生态旅游的人们则会尽量减少乘飞机出游的次数。据测算，民航飞机每飞行1 000千米，排放二氧化碳量为139千克，

飞行1 200千米（北京—上海）就会产生166.8千克的二氧化碳，种1棵树可以吸纳111千克的二氧化碳，你们需要种植2棵树！

这是一个惊人的数字。因此，如果不是非常必要，出门旅行完全可以选择污染较少的火车、轮船或长途汽车。必须乘飞机旅行时，最好调整好飞行路线，尽量直飞，以减少航程。此外，可尽量选择乘坐新型飞机，因为新型飞机的耗能减排指标通常要优于老式飞机。

乘坐飞机应少带行李，少带行李不仅可以避免缴纳额外的托运费用，还可以省力省时，减少发生丢失的情况。

### 低碳小贴士

如果每位飞机乘客将所携带的行李减少到低于20千克，全球范围内，每年就可减少200万吨二氧化碳的排放。

乘飞机的排碳量（千克）如下：

短途旅行（200千米以内）＝路程（千米）×0.275；

中途旅行（200～1 000千米）＝55＋0.105×［路程（千米）－200］；

长途旅行（1 000千米以上）＝路程（千米）×0.139。

# 第五章　低碳好习惯

## ☆ 重复使用教科书

教科书对每一个学生来说，只能使用1次，但是对一届届学生而言，是可以重复利用的。据了解，美国一本教材至少要8个学生使用，平均使用寿命为5年。德国、日本、俄罗斯等国家，课本重复使用已成为常规制度。如果全国每年有1/3的教科书得到循环使用，那么可减少耗纸约20万吨，节能26万吨标准煤，减排二氧化碳66万吨。

### 低碳小贴士

重复使用教科书，是大势所趋。减少1本新教科书的使用，可以减少耗纸约0.2千克，节约0.26千克标准煤，相应减排二氧化碳0.66千克。

## ☆ 准备小手绢

小手绢用处大，擦擦汗、拍拍土，洗一洗，又干净。节省了多少纸巾呀！这也减低了碳的排放呢，你也准备块小手绢放在兜儿里吧！

低碳生活你我他——中小学生篇

## ☆ 养成随手关灯的好习惯

能在白天做完的事情尽量在白天都做完，还要注意随手关灯，做到人走灯灭。关掉不必要的电灯其实是举手之劳，"地球一小时"活动是给我们最好的提醒。节约每一度电，这也是个人良好修养的表现。

### 低碳小贴士

养成在家随手关灯的好习惯，每家每年可节电约4.9度，相应减排二氧化碳4.7千克。

## ☆ 让家里全换上节能灯

看看家里的灯泡是不是节能的，如果不是，请把家里的灯泡全部换成节能型的，可以直接减少电能的消耗。

## ☆ 换一个节水龙头

节水龙头封闭严密、感应灵敏。关闭速度是老式水龙头的1/10。比老式水龙头节水80%，节水效果十分显著。

第五章 低碳好习惯

### 低碳小贴士

使用感应节水龙头比手动水龙头节水30%左右，每家每年可相应减排二氧化碳24.8千克。如果全国每年有200万户家庭都选用节水龙头，那么可节能2万吨标准煤，相应减排二氧化碳5万吨。

"感应节水龙头"就是省水！

## ☆ 用淋浴代替盆浴

盆浴是非常耗水的洗浴方式，如果用淋浴代替，每人每次可节水170升，同时减少等量的污水排放，可节约3 100克标准煤，相应减排二氧化碳8 100克。如果全国1 000万盆浴使用者能做到这一点，那么全国每年可节能约574万吨标准煤，减排二氧化碳1 475万吨。

### 低碳小贴士

洗澡时应该及时关闭来水开关，以减少不必要的浪费。这样，每人每次可相应减排二氧化碳98克。如全国有3亿人这么做，每年可节能210万吨标准煤，减排二氧化碳536万吨。

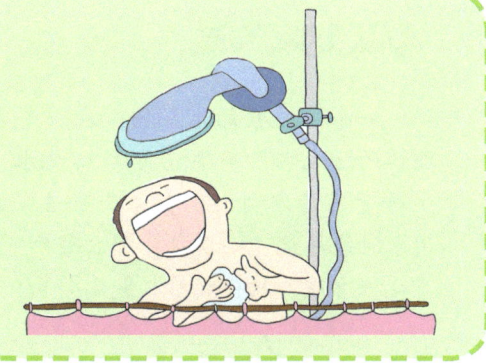

## ☆ 循环使用水资源

循环使用水既能节省家里的开支，还能减少水资源的浪费。洗脸用过的水可以洗脚，还可以用来冲厕所。

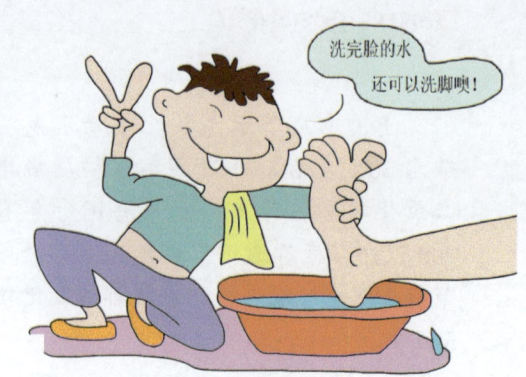

洗脸、洗手时，水龙头大开，水花四溅很浪费水资源。而控制水龙头开关至中小水量，及时关水则可以节约水。因此，我们平时洗脸、洗手最好使用洗面盆，这样可以节约一定的水资源。

刷牙时不间断放水30秒，用水约6升。如果我们用口杯接水，3个口杯，用水0.6升。三口之家每日两次，每月可节水972升。可见，刷牙时用口杯能节约水资源。

### 低碳小贴士

一个没关紧的水龙头，在一个月内就能漏掉约2吨水，一年就漏掉24吨水，同时产生等量的污水排放。如果全国3.9亿户家庭用水时能杜绝这一现象，那么每年可节约340万吨标准煤，相应减排二氧化碳868万吨。

第五章 低碳好习惯

## ☆ 电器不用时拔掉插头

请同学们关注，家里的任何电器在待机状态下仍要耗电。一旦不使用电器立即拔掉插头，减少电能的消耗。

## ☆ 减少开冰箱门的次数

普通家用冰箱，如果每天开关门20多次，每次20～40秒，不仅增加电费开支，还会影响冰箱的冷冻程度。如果每天开关40多次，会增加电费30%以上，还会影响冰箱的使用寿命。

① 开门时，冷气逸出，热气进入冰箱，会使箱内温度上升，耗电量明显增加。冰箱用电有很大一部分是因为开关门时热空气进入而浪费掉的。

② 进入冰箱内的潮湿空气易使蒸发器表面结霜加快，结霜层增厚，降低冰箱的制冷效果及使用寿命。

③ 打开冰箱门时，箱内照明灯开启，既消耗电能，又散发热量。

## ☆ 在家里养盆植物

植物能吸收大量的二氧化碳，没有时间去郊区种树，在家里种些花草也一样。养一盆绿色植物装扮居室，怡情又低碳。

由于室内阳光照射的时间较短，所以，最好养护较耐阴的观叶植物，如文竹、万年青、龟背竹、棕竹、虎尾兰、橡皮树等。

工作繁忙的人，可选择养护生命力较强的植物，如万年青、虎耳草、佛肚树、竹节秋海棠等。

有益净化室内空气的植物：吊兰、黛粉叶等，对装修后室内残存的甲醛、氯、苯类化合物具较强的吸收能力；芦荟、菊花等可降低居室内苯的污染；雏菊、万年青等可有效消除三氯乙烯的污染；月季、蔷薇等可吸收硫化氢、苯、苯酚、乙醚等有害气体。

在室内养虎尾兰、龟背竹、一叶兰等叶片硕大的观叶植物，可吸收80%以上的多种有害气体。芦荟、景天类等植物在晚上不但能吸收室内的二氧化碳，放出氧气，还能增加室内空气中的负离子的浓度。

一些芳香植物有抗菌成分，可清除空气中的细菌和病毒，具有保健功能，如仙人掌、文竹、常春藤、秋海棠等植物的气味有杀菌、抑菌的功效。同时，植物的芳香还可调节人的神经系统，如茉莉可使人放松，有利于睡眠；玫瑰、紫罗兰可使人精神愉快；锦紫苏、驱蚊草等植物的气味有驱蚊蝇作用。

## ☆ 不当"夜猫子"

"日出而作，日落而息"是我们的一个比较"古老"的习惯，也是一个低碳的好习惯：每天，同学们早晨上学，下午放学。回家赶紧写作业，然后吃完晚饭，复习，洗漱睡觉了。但是有些人不这样。他

# 第五章 低碳好习惯

们自称"夜猫子",白天睡大觉,晚上特别精神,看书、看电视、上网、写东西。如果白天做这些事情,就能省下晚上照明的电。

## ☆ 不用遥控关电视

同学们应该争取少看电视,看电视前,利用电视报查找关注的电视栏目,减少利用遥控器的上行或下行键搜寻节目的时间。将电视屏幕设置为中等亮度,既能达到最舒适的视觉效果,又可以省电。

同学们在家看完电视后,习惯把遥控器一撂,就算关电视了。仔细观察,你可能发现电视机上还有一个指示灯亮着(实际上此时电视机处于待机状态),这时电视机还在消耗电能呢。

### 低碳小贴士

**待机能耗**

家用电器在关机或者不使用原始功能的时候,仍然会消耗不少电能,我们称之为"待机能耗"。据调查,仅全国彩色电视机的待机能耗一项,一年下来就浪费电力几百亿千瓦。下表是各种电器的待机能耗数据。

| 待机能耗产品 | 平均待机能耗(瓦/台) | 待机能耗产品 | 平均待机能耗(瓦/台) |
|---|---|---|---|
| 空调 | 3.47 | 洗衣机 | 2.46 |
| 电脑主机 | 35.07 | 音响功效 | 12.35 |
| 电脑显示器 | 7.09 | 录像机 | 10.10 |
| 手机充电器 | 1.34 | 彩色电视机 | 8.07 |
| 电冰箱 | 4.09 | 电饭煲 | 19.83 |
| 微波炉 | 2.78 | 抽油烟机 | 6.06 |

## ☆ 学会处理衣服污渍

同学们在玩耍或者用餐的时候不小心把心爱的衣服弄脏了怎么办？真是伤脑筋。想一想之前还有吃饭时弄上酱油渍的衣服都没洗干净，是时候让衣服上的污渍全部消失了。

要洗去衣服上的油垢污渍，必须遵守以下的原则。

**第一步** 衣服沾上污渍，必须要当场处理，因为时间一久，污渍可能会不易清除。

**第二步** 去污时也要有次序，就是先用水，然后用洗涤剂（或去渍油），最后才用化学药水，以免损坏衣服。

**第三步** 在使用药水去污前，必须要弄清楚衣服的质料，否则用了不合适的药品，就有可能会损毁衣服。可以从衣服的缝合处剪下一小块布来试验，但注意不要使衣服散开。

第五章　低碳好习惯

**第四步**　用热水和洗涤剂去污时，如果发现效果不太理想的话，不妨将热水的温度提高，这胜过不停地增加洗涤剂。

**第五步**　去污时，无论是用水、洗涤剂或药水，用来擦污渍的布片必须拧干，否则，反而会使污渍扩大。

**第六步**　对付那些化纤类衣料，最好不要使用药水去污，因为药水会使这些衣料变色，同时会缩皱。

**第七步**　尼龙、毛料及经过橡胶加工的布料，若使用次亚盐酸钠来去污，一样也会变色。

**第八步** 若去污不得其法，污迹只会慢慢扩大，较为保险的办法，是将沾污的部分抓起来擦去，或者在污迹下面垫一块布，把污迹用敲拍法拍净。

**第九步** 把污迹除去之后，要避免立刻用熨斗来熨，因为这样会留下污垢痕迹。

**第十步** 使用洗涤剂、药水等除污之后，还需要经过水洗一遍，否则会损坏衣料，或者留下一个污垢痕迹。

# 第六章 创意手工

本章会教你学习一些创意手工，引导同学们参与学校、家庭和社会的低碳行动。这些技能不仅能让你更全面发展，激发创新能力，还能让你在同学们面前大显身手，吸引大家的目光，成为同学们眼中的低碳"明星"。

## ☆ 改装牛仔裤

你是否有穿旧的已经不喜欢的牛仔裤，有一个很好的办法可以让你拥有一条既漂亮又实惠的牛仔裙子。快看看是怎么用旧牛仔裤做出一条漂亮的牛仔裙的。

**第一步** 先找到你不再穿的旧牛仔裤，然后按照你想要的裙子长度，直接把两条裤腿剪掉。

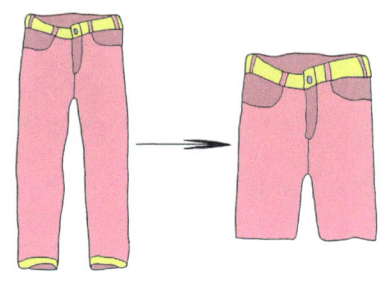

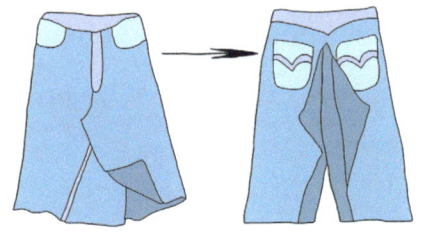

**第二步** 小心剪开裤腿内侧的接缝处，然后去掉多余的布料。正面的部分剪到裤裆的位置，把两个弯曲的部分重叠起来，后面剪到腰头以下5厘米。

**第三步** 在一个平面上把正反两面需要重叠的地方用针线缝好。此时缝好了之后你会发现裙子的前面和后面还有缺布的地方，你可以选择可爱的面料进行缝合。

**第四步** 如果你想马上穿上你亲手做的这条新裙子,你不必担心你裙摆的卷边,这些露在外面的牛仔布毛茬看起来很酷,很时尚。

☆ **改造校服**

学校发的校服每个人都是一样,怎么才能凸显出自己的特质呢?不如学习一些改造校服的小技巧,但是,在改造校服之前一定要仔细看看学校有关校服的制度,免得改造完校服之后被老师批评,这样就得不偿失了。

要改造校服,首先要给校服做一点小装饰,例如你可以在你的校服上别一个胸针等。其实,在自己的校服上做一点小改动就会起到画龙点睛的作用,但是要记住,真正重要的不是你的穿着,而是要穿出你自己的风格,拥有你自己的独有个性。

在校服的衣角部分可以加一些小装饰,例如一边缝一个蝴蝶结,但是在颜色的选择方面一定要与校服的颜色相协调,不能太突出,免得影响整体的美观。

你可以在原来穿起来很宽松的裙摆部分进行加工,剪掉一些布料,再重新进行缝合,让整个裙子看起来更精致(这个步骤有点复杂,同学们可以向妈妈寻求帮助)。

第六章 创意手工

在脚踝部分也可加一些装饰,例如穿一双可爱的长踝袜,让自己的脚踝看起来与众不同。

想要改造校服,不是一件简单的事情,一定要事先想好要改哪里,怎么改好看。一定要避免改动太大而造成无法复原的后果。

☆ 打绳结

不一样的打绳结方法有不一样的用途,多学习几招很可能在日后的生活中就会派上大用场。

① 双套结。双套结的目的是将绳索套在其他物品上,例如水手们在码头泊船就要用上双套结。

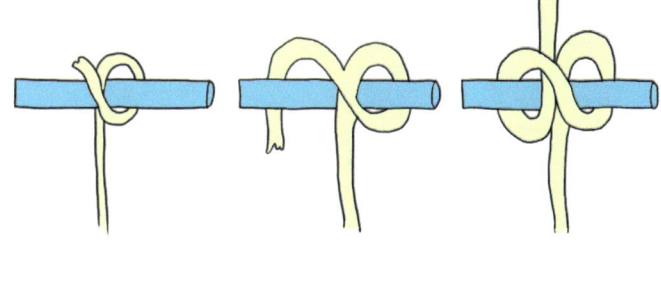

② 接绳结。如果两条绳子的粗细不同,或者材质不同,向连在一起打结就不太容易,这时应该打接绳结,同时不要忘记了打完以后要调整、拉紧。

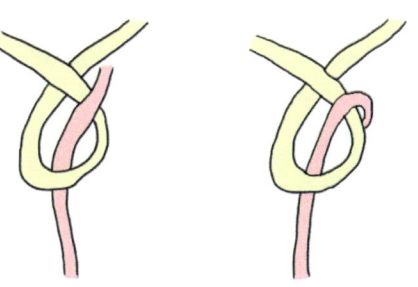
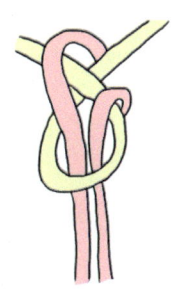

❸ 平结。多用于连接两条绳索,但是仅适用于同样粗细和同样材质的绳索。它的特点是结实、平整,可以用来固定绷带。

打平结的口诀是:左头越右头,再钻右头下,右头越左头,再钻左头下,然后调整并拉紧。

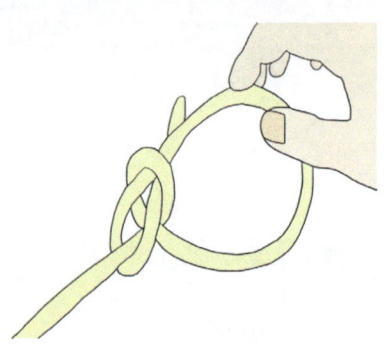

## ☆ 用丝带做腰带

想给自己的新裙子增添一点特别之处,不如用丝带自制一条腰带。

**第一步** 准备一些2～3厘米宽的丝带。要选择不同颜色的丝带,让它们搭配起来有很棒的效果。

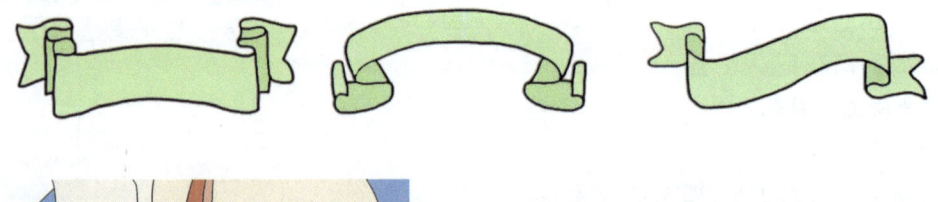

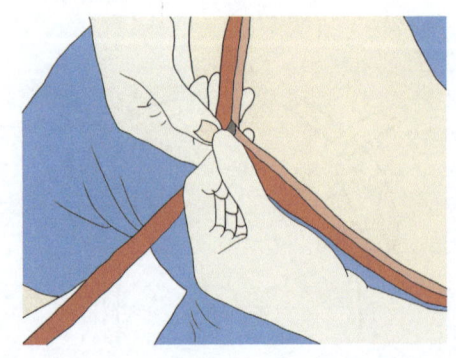

**第二步** 量量你的腰围,把你得到的数字乘以3,得出的数字就是你需要的丝带长度。

第六章 创意手工

**第三步** 选择不同颜色的丝带并编在一起，编得松或紧都由你自己决定。在编完的尾部打一个结。用剩下的丝带再编两条一样的带子。

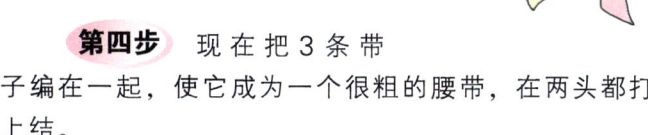

**第四步** 现在把3条带子编在一起，使它成为一个很粗的腰带，在两头都打上结。

**第五步** 现在你只需要把这条腰带穿过你衣服腰部的小环，然后打个结，你就可以在你的同学们面前炫耀你的新成果了。

在选择丝带的颜色搭配方面取决于你自己的喜好，如果担心所选的颜色不好看，那么可以看一些杂志或其他图片进行参考。

☆ 包装礼物

如果参加同学聚会，你有时候需要送礼物给你的朋友，现在教你如何动手自己给你的礼物包上漂亮的包装纸，让你的礼物看起来与众不同，也让你的朋友感受到你对他（她）的祝福。

包装礼物我们使用最多的工具

和材料就是剪刀、包装纸和丝带，这3种物品在礼品店都很容易找到。

在学习包装之前，最重要的是先要学习打蝴蝶结的方法。打蝴蝶结的丝带长度在30厘米以上，我们才能够正常地打蝴蝶结，所以一定在包装礼物之前测量好丝带长度。打蝴蝶结分为4个步骤，你可以用一条丝带来练习。

**第一步** 拉住丝带的两头，打一个反手结，把丝带固定在礼品盒上。

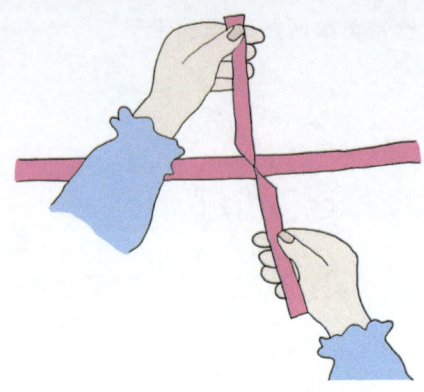

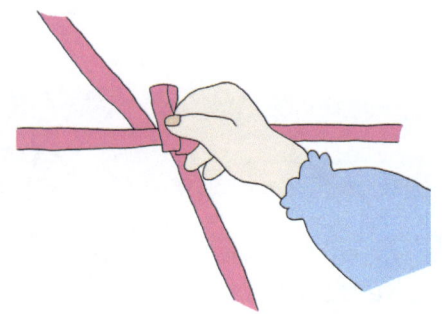

**第二步** 左手手指按住反手结中间位置，把右侧的丝带绕出一个丝带圈，形成蝴蝶结的右翅膀。

**第三步** 把左侧的丝带从右侧丝带圈的上方绕过，然后从左侧丝带和右侧丝带圈绕成的圈中穿过。这一步骤形成蝴蝶的左翅膀。

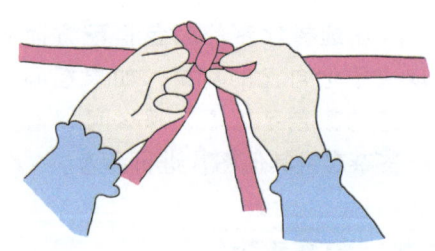

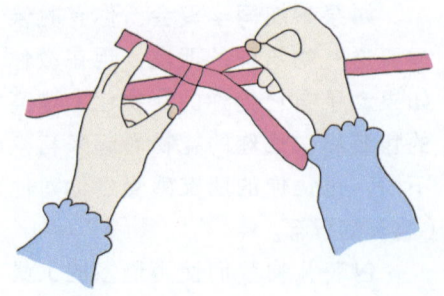

**第四步** 把两只翅膀勒紧，压平整，两条尾巴也分别压平整，蝴蝶结就完成了。

第六章 创意手工

学会打蝴蝶结之后，我们就可以动手包装礼物了。如果是小一点的礼品盒，可以采用倾斜式的包装方式。

**第一步** 准备好包装纸，把纸的下角折叠到盒盖的上方。

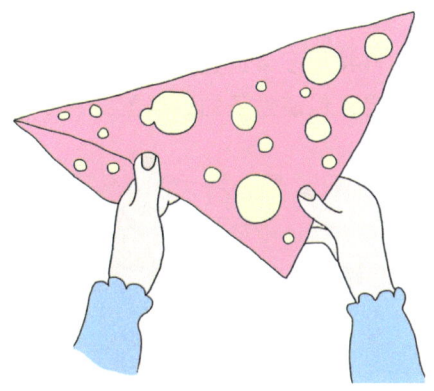

**第二步** 把包装纸的上角部分试着折到盒子上，要保证能够覆盖整体。如果不能覆盖就说明包装纸太小了。

**第三步** 按住盒子上的折角不动，把左侧的纸折叠起来，并把多余的纸角干净地收到内侧。这时候可以用一些胶带把折叠部分固定一下。

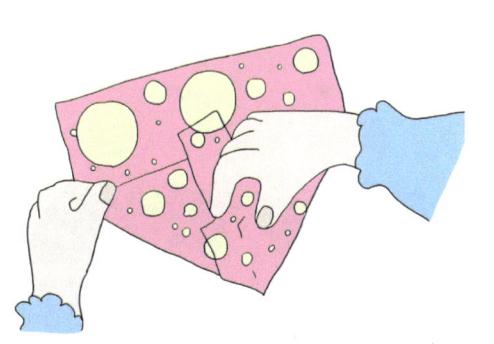

**第四步** 把盒子向前翻转180度，这个过程应保持包装纸的平整。

61

**第五步** 右侧的纸向上、向内折叠过去，保持平整，整理好多余的纸角。可以用胶带固定一下。

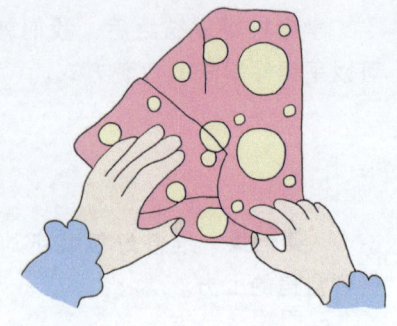

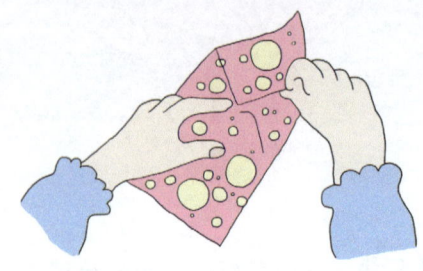

**第六步** 包装纸剩余的部分向内侧折起，保持平整并把多余的边角收到内侧，使用双面胶固定，包装盒子的过程就结束了。

**第七步** 最后用两条丝带捆扎的办法，打上蝴蝶结。这样，你的漂亮礼物就包装好了。

## ☆ 使用秘密手势

如果只想和自己的朋友之间清楚说什么，而不想让其他人知道，最好用一些军队和警察通常使用的那些秘密手势。

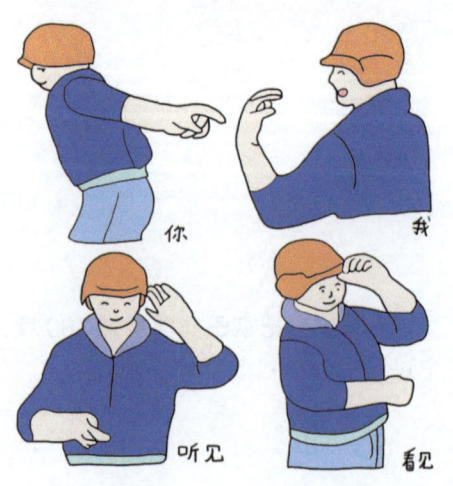

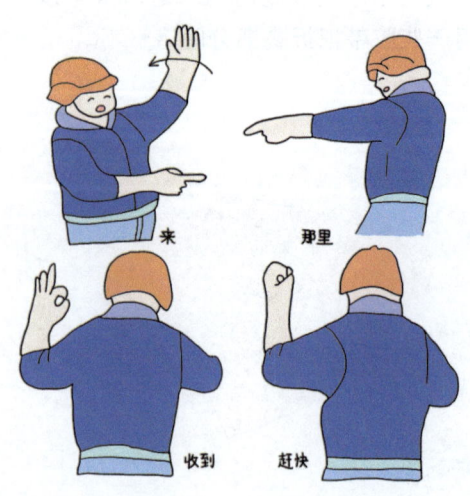

第六章 创意手工

## ☆ 制作压花画

同学们总会发现身边美丽的事物，现在教你利用花店、苗圃、公园等废弃的大量可利用的花材，以及大自然中的小草野花进行简易的选材、整理、干燥与保存，经过艺术加工后，制作出具有观赏性的压花画。

首先介绍一下小制作都将用到哪些工具：花朵、大字典、报纸、有重量的物体（如储蓄罐）、无酸纸、相框。

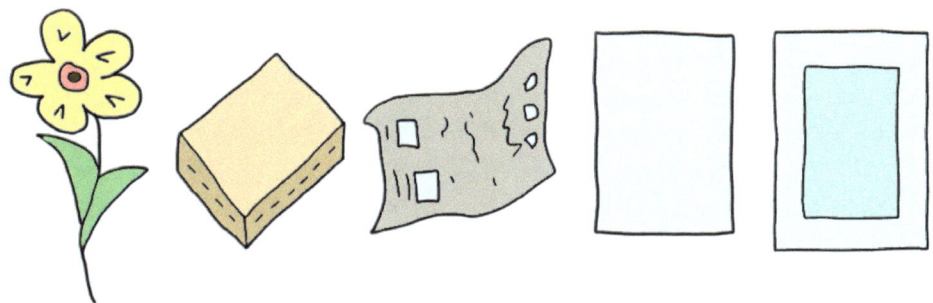

工具介绍完毕，接下来就开始动手制作。

**第一步** 采集鲜花：有些花和叶片在压制以后可以保持它们原有的颜色和精致的形状，如常年生野花、绣球花、飞燕草、含羞草、艾菊等花，总之女孩们觉得漂亮的鲜花都可以拿来用。

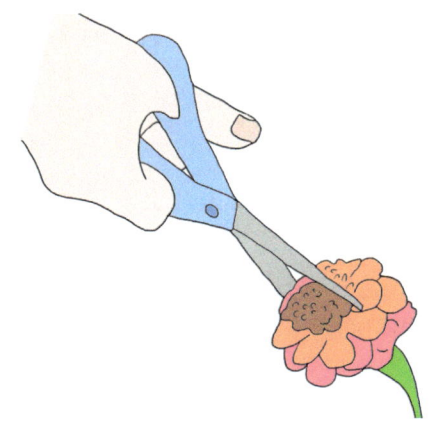

**第二步** 将较厚的花朵切成两片：有些花的花瓣比较厚，如玫瑰、牡丹等由于它们的花朵大并且花瓣重叠，直接压制会不好看，这时需要拿剪刀将花朵剪成两片。

**第三步** 晾晒：选一间温暖、干燥，且通风条件良好的房间，室内温度不应低于10℃。需用细麻线把他们扎成小把倒挂在衣钩或细绳上面，但一定要远离墙面。记住每隔两三天就要去看一看，闻一闻，如果你的花感觉像纸那样脆了，便大功告成。

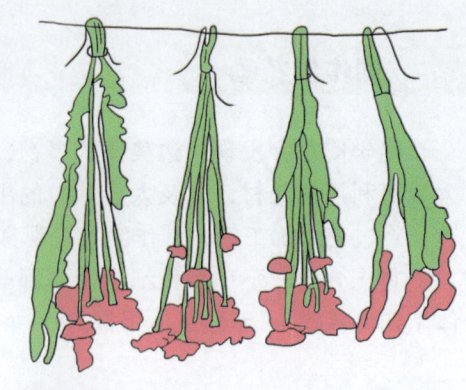

**第四步** 设计压花图案：打开一本厚厚的字典，书页上铺垫吸水性好的旧报纸，按自己的设计将花材摆放在报纸上。女孩们可以发挥想象力和灵感，设计一款独一无二的图案。小提示：压花图案的设计没有固定的格式，主要自己喜欢，且看所用的材料本身的特性，尽量恢复它的花朵、枝叶和它的生长方式即可。

**第五步** 小心将报纸合上：图案设计摆放好以后，小心将报纸合上，然后再把厚厚的字典合上。

**第六步** 在字典上放上一个重物：找来比较重的物体，如存钱罐，压在字典上面。记住在日历上做个小标记，只需要两周时间。

# 第六章 创意手工

**第七步** 压花画制作成功：将压好的干花放在无酸纸上小心铺好，然后给它镶上漂亮的相框，优美的压花画就制作好了。

## ☆ 制作友情手链

友情手链可以做得十分简单，也可以缤纷复杂。不过，实质上它们就是一些彩色的绣线编织成可爱的花样，用来送给亲爱的朋友。这种手链最初是美洲土著生活中常用的饰品，尤其是在中美洲。

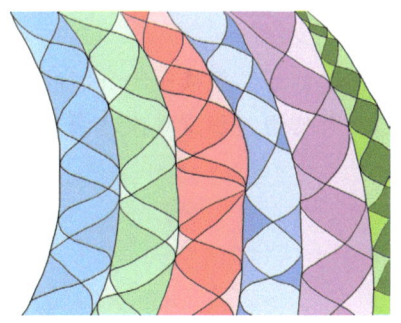

**第一步** 剪6条彩色的绣线，每两条颜色相同，长度大约在90厘米。

**第二步** 把6条线并在一起，在末端打一个结，结之外要留出大约5厘米的线，用夹子夹住线打结的末端。也可以用胶带粘，但是这样很容易脱落，会破坏你正在编织的花样。

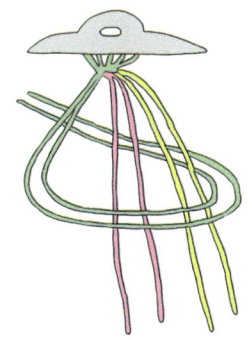

**第三步** 拿起左边的两根线，将它横放在右边的线上面，再把它绕到右线的下方，从左线和右线的中间掏出来。

**第四步** 这就形成了一个绳结,将它移到顶端打结的地方并逐渐收紧,之后一直重复这样的步骤。直到你想换线或者编完手链。

**第五步** 最后再打一个大结,留出足够长的线,确保能把手链系在你朋友的手腕上。

## ☆ 制作滴漏

同学们,我们可以利用手表、手机来看时间,但是你想不想换一种计时的方式?现在就来教大家制作一个滴漏,一起来试试看,怎样通过滴漏观察水滴落的速度及计算时间。

**第一步** 每个纸杯的底都扎一个孔。

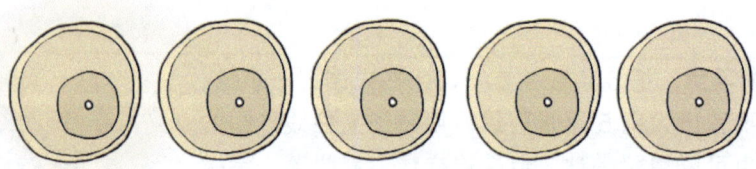

**第二步** 用图钉把5个纸杯都固定在硬纸板上,从上到下一字排开,相邻的纸杯间距为3指宽。

第六章 创意手工

**第三步** 把纸条竖着贴到玻璃罐的外侧，然后把玻璃罐挨着硬纸板放在纸杯的下面。

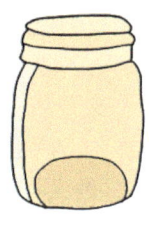
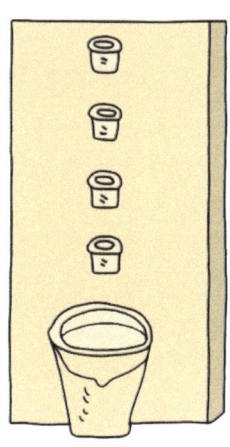
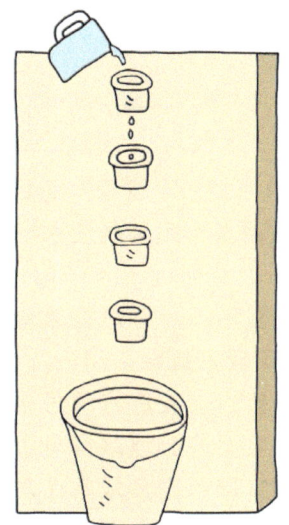

**第四步** 把最上面的纸杯灌满水，检查流出的水能否一直滴到最下面的纸杯里。

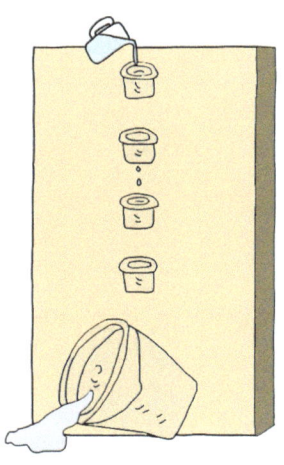

**第五步** 如果水能够从最上面的纸杯一直流到最下面的玻璃罐里，就没有问题了。接着，把水倒掉，然后把最上面的纸杯重新注满水，在倒水的同时用秒表开始计时。

**第六步** 每隔5分钟，就在玻璃罐的纸条上画一个刻度，记录罐内水深。

**第七步** 所有的水都流进玻璃罐中之后，只要数刻度，就很容易读出总共用了多少时间。你就可以用这只"表"计时了。

## ☆ 制作报警器

同学们都有自己一人在家独处的时候，有时候会不会担心会有窃贼闯入房间？如果有人进来的时候有报警就好了。既然想到了就让我们动脑筋做报警器吧，有了报警器，不论闯入者是谁，只要一听到报警器发出声音都会吓一跳，能有个这样的提前报警总是没坏处的。

第一种方法，你要将木块用胶水或者螺丝固定到门上。木头的宽度要足以放得下铁罐，一个铁罐要高于另一个铁罐，而且两者之间的距离要恰好能让玻璃球弹进下方的铁罐中，这两点一定要确定准确无误。

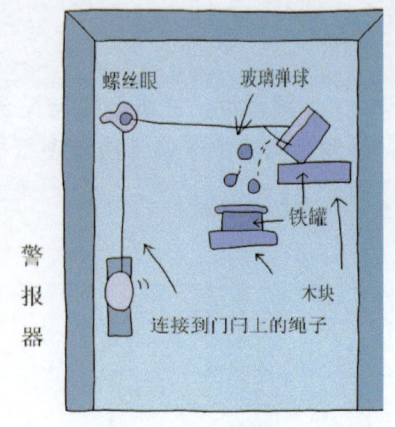

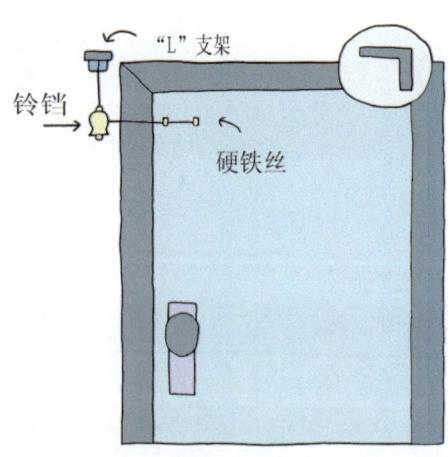

安装好以上装置后，再将螺丝眼固定在门上。先将绳子紧紧缠绕在门闩上，再将它从螺丝眼中穿过，最后将绳子系到上方的铁罐上（里面装有玻璃弹球）。你可能想在上面的铁罐周围多放几个障碍物，这样在拉动绳子时，上面的铁罐就不会掉下来了。

第二种方法，用螺丝将"L"形金属支架固定在靠近门的墙上。用绳子将铃铛悬挂在支架上。用U形钉将硬铁丝固定在门上，并让它与铃铛成一条直线。这样就大功告成了。

## ☆ 折纸青蛙

折纸游戏大家都会玩，如果拥有一个会跳远的青蛙折纸是不是更好呢？快来学习一下折叠方法吧。

**第一步** 准备一张长和宽比为2:1的纸。

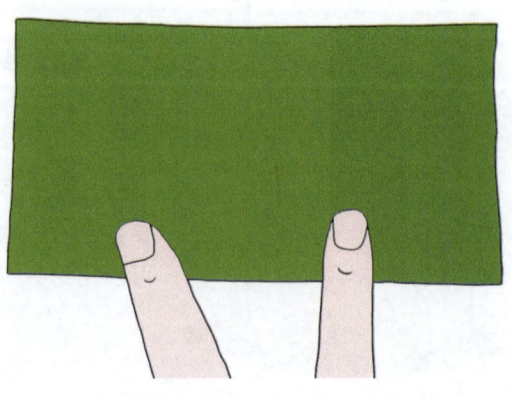

第六章 创意手工

**第二步** 反面朝上，沿中线对折。

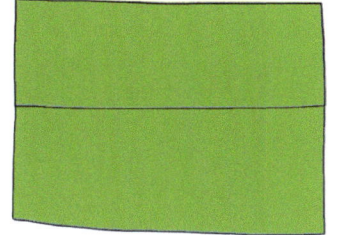

**第三步** 展开后，上下分别向中线对折。

**第四步** 将上半部展开并对角折，压出折痕。

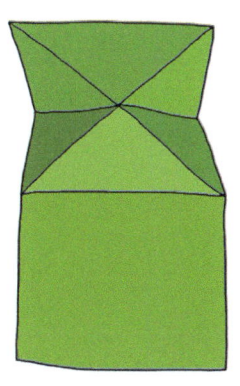

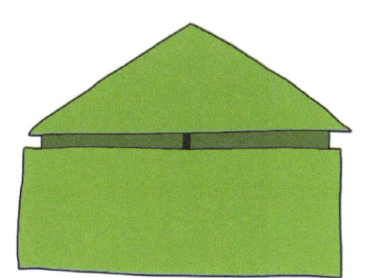

**第五步** 按照折痕折出双三角形。

**第六步** 左右对折，压出折痕。

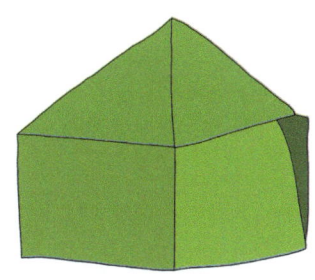

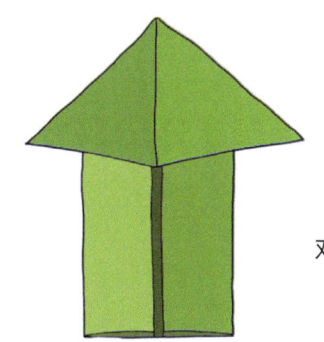

**第七步** 除上部上层三角形外，下层均向中心线对折。

**第八步** 将三角形两侧角向上折，形成前肢，下半部向上对折。

**第九步** 将两角向下折，压出折痕。

**第十步** 将下半部打开后按照折痕向两侧压折。

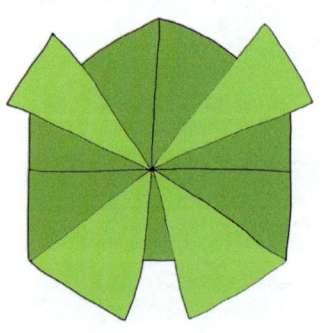

**第十一步** 将两侧角向下折。

**第十二步** 将两角向外折出后肢。

**第十三步** 将下部向上折。

**第十四步** 取中心线再向下折。

**第十五步** 背面朝上，画上眼睛即可。

## ☆ 制作风筝

在和风习习的春天，约上几个好朋友一起去放风筝是多么开心的事情，但是没有风筝怎么办？现在有办法了，我们一起来做一个风筝吧。

简易风筝的制作材料：两根木棒（0.6厘米厚，1厘米宽，90厘米长）、风筝面材料（塑料薄膜等）、绳子、剪刀、木尺、胶条、小锯子、粉笔、木胶。

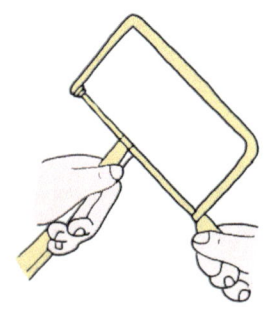

**第一步** 用小锯子在每根木棒的端口处锯一个缺口。测量出其中一根木棒的中心，做个记号，并把这个记号放在另一根木棒的一点上，这个点距这个木棒的一端距离是20厘米。

**第二步** 用木胶把交叉的两根木棒粘在一起,用绳子缠绕几下后捆起来。拉直绳子,沿着4个锯开的小口,缠出一个风筝的外框。把绳子拉紧,然后把绳子的两头系成一个结。在木框的四端被绳子缠过的缺口外,每处都再用绳子用力绕几圈后拴紧。至此,风筝的框架已经完成。

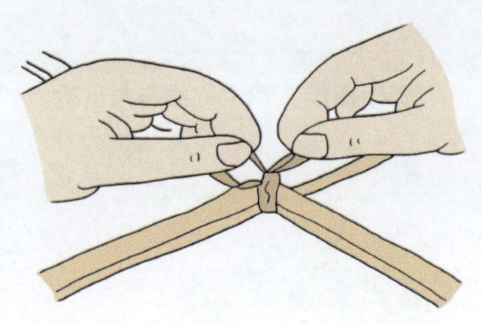

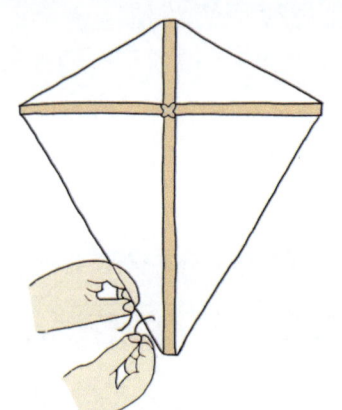

**第三步** 把风筝的框架放在一个塑料薄膜上,用粉笔画出样本。要画在风筝框架线外2.5厘米外,以便允许多出的边折过来盖住绳子。沿着画好的线小心地剪出样本。然后把多出来的塑料薄膜折上包住绳子,用胶条把它们粘紧。

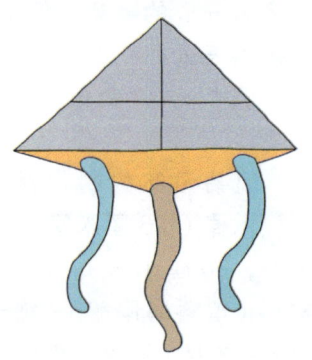

**第四步** 拴上风筝线,再用彩纸做风筝的尾巴。这样,一个简易的风筝就完成了,快去试试你的风筝能飞多远吧。

## ☆ 制作蜡烛

在商店里买到的蜡烛很漂亮也很香,但是同学们总是有一些自己的想法,总是希望用自己的双手制作出自己想要的东西。那现在我们来制作自己的蜡烛吧。

**第一步** 把塑料瓶从瓶颈处切开,最好保证瓶身是直的。

第六章　创意手工

**第二步**　多磨碎一些蜡笔，最好是使用同一个颜色。将蜡笔放在旧的锅里面加热使其熔化。

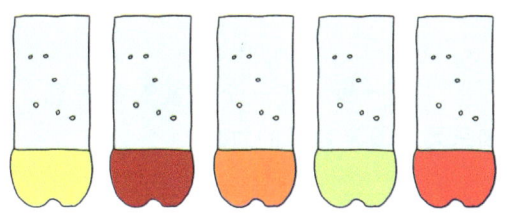

**第三步**　在塑料瓶里装满碎冰，一定要是很碎的冰，不然制作出来的蜡烛会有气泡。

**第四步**　把细细的蜡烛灯芯插进瓶子的中心，一直插到瓶子底部，在上面留出一小段。

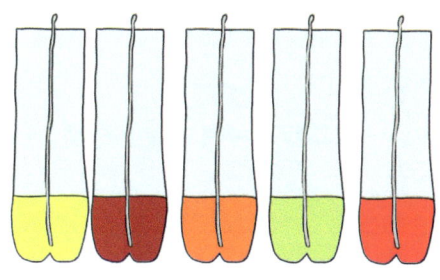

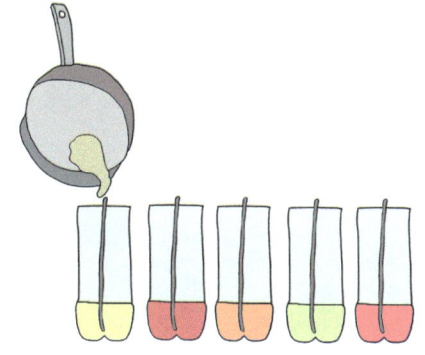

**第五步**　把熔化的蜡倒进塑料瓶里，直到灌满瓶子，冰会溶化同时水会溢出塑料瓶。冰冷的水会让蜡很快冷却凝固。

**第六步**　等蜡定型之后，把塑料瓶切开剥掉，这样蜡烛就做好了。

## ☆ 用气球制作玩具小狗

气球不再是简单的玩具了,现在有了新的玩法,它可以变换你想要的形状。自己动手让气球变成一只玩具小狗吧。但是,在制作的过程中要小心,不能用力过大,以免气球爆炸。

**第一步** 找一个长条形的气球,吹到只剩3厘米是瘪的为止。

**第二步** 在气球嘴上打结。

**第三步** 在气球约5厘米的地方拧一下。

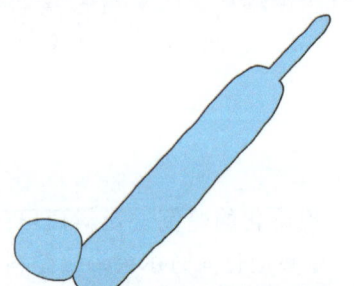

**第四步** 从5厘米处往右,每隔2.5厘米就接着拧,拧两次。

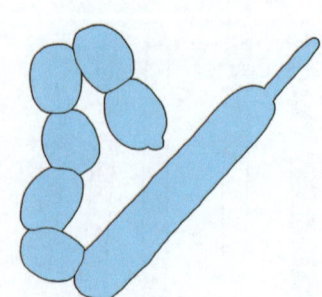

**第五步** 把两个短结揪起来,就成了耳朵,再和长结、气球嘴放在一起,调整一下,小狗的头就完成了。

第六章 创意手工

**第六步** 继续往右每隔5厘米就接着拧，拧3次，把这3个长结揪起来，就是小狗的脖子和前腿。

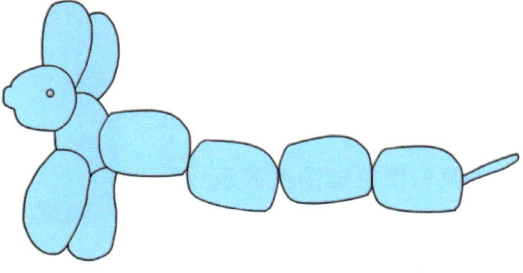

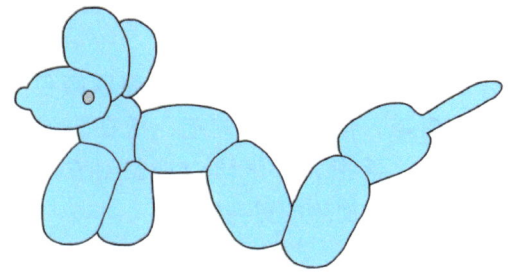

**第七步** 重复第六步的操作，就可以做成小狗的身子和后腿。

**第八步** 调整各个部分，注意让小狗的耳朵竖起来，让它的腿立得住，最后画上眼睛和嘴巴，玩具小狗就完成了。

☆ **制作彩色玻璃窗**

透明的玻璃窗看起来总是那么单调，如果能让它色彩斑斓是多么有趣的事情啊。既然想到了，为什么不行动呢？现在就来制作美丽的彩色玻璃吧。

**第一步** 拿两块黑色的纸板和两张防油纸，大小都要一样的。设计一个自己喜欢的图案，在一张纸板上勾勒出来。

**第二步** 把两张纸板整齐地放在一起,把图样剪下来。我们把挖去图案的纸板留下来待用。

**第三步** 选一些你喜欢颜色的蜡笔,削下一些蜡笔,撒在防油纸上,再把另一张防油纸盖到它的上面,用加热的熨斗熨一下。

**第四步** 把一张纸板平放在桌面上,把刚才做好的"双层夹心"防油纸粘到纸板上,然后把另外一张纸板粘到上面,防油纸夹层就被夹在两张纸板中间了,把你的作品挂在窗边,这样光线就可以穿透你做的图案,彩色玻璃就做好了。